Guy de Maxence Afanda

BETWEEN EINSTEIN AND

NEWTON

1. FIRST REMARKS

Is the reconciliation possible? Newton defended the absolute like the necessary substrate of knowledge and measurement, establishing or consolidating the thesis of privileged reference frames, which would be the only ones to provide the permanent data inherent in the things observed, in particular in physics   and   mechanics. Thus, one could speak absolute velocity of a mobile. Further, Newton had to assimilate the gravitation and the universal attraction, because the Earth was held for a privileged reference frame according to the   gravitation. The inertial force of D'Alembert was already an index of the manifestation of the gravitation independent of the external terrestrial gravitation. Einstein later noticed that it was possible to create the gravitation by experiment; the gravitation was thus related to the mechanical state of the reference frame in fact. But Einstein did not thrive in this direction, preferring to bind the gravitation and the universal gravitation by the curve of the physical space. Quite front, the invariance of the speed of light in the vacuum caused the divorce of Newton and Einstein, under the terms of what it was necessary to give up the ideas of absolute time and absolute sizes in addition; there was no unconditional absolute. It became necessary to subordinate all the sizes of physics and mechanics to the transformations induced by the change of reference frame. The rupture appeared enough decisive to eliminate the absolute by the relative one; the two states were incompatible by tradition, and thereafter by fact according to the successes of the theories of Einstein. However, the theories of Einstein, while bringing solutions and lightings, also brought problems, like the concept of black holes, the mutiny of the probabilistic quantum mechanics, or the gravitational waves.

Einstein, like Galileo before Newton, and nowadays physicists, noted well the equivalence of all the reference frames for the definition and the mathematical formulation of the phenomena. This relation devotes at the same time the absolute and the futility of the privileged reference frame; how? In fact, each phenomenon is its own reference frame for its definition and its mathematical formula. Thus, any external reference frame is transparent compared to this state of affair. Therefore, whatever the reference frame, the definition and the mathematical formula of the phenomenon appear as if there were only one reference frame. The absolute of the phenomenon is thus the principle of the equivalence of all the reference frames for the definition and the mathematical formulation of the phenomenon.

But the phenomenon does not appear always in the same way at an observer as at another; it is notorious indeed. The external reference frames are thus also powerful for something, in fact, to change the mode of the phenomena. And that is founded on what? On the duality of the phenomena: they are combinations of absolute and relative, therefore of definition (permanent contents) and of modes (relative contents). The relative one is thus the principle of the independence of all the reference frames for the observation and the measuring of the phenomena.

In what this last thesis which is worth also observation, can record the effectiveness and the relevance of the will to preserve the unit of physics,

unit which by principle must rest on the thesis that
nature   cannot   escape   from   itself.

2. Kinematics experiments

Let us design Usain Bolt and a train laid out one and the other on two parallel ways of courses. They are at rest, and the walls of the train are mirrors. Then, both accelerate, and reach their respective cruising speeds. It is a question of knowing if Usain Bolt continues to see his reflection on the train. It makes perfectly day, the sun is at the zenith. According to the theory, the celerity of the light which transmits the reflection must increase, and change direction; thus in fact, out of cruising speeds, Usain Bolt should not see his reflection any more, unless running more quickly than the train. We suppose the following figure then:

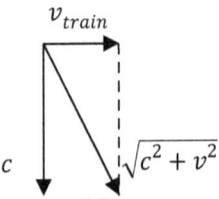

But according to the theory of relativity, Usain Bolt continues to see his reflection, whatever is his speed and that of the train, because the speed of light does not   change.

It is not the same with the sound. If Usain Bolt goes less quickly than the train, the train ceases for him very early being the source of the sound which he hears, but rather the environment of the train which returns the sound towards him. The train is considered enough long to allow a twenty seconds experiment. Also, to consider the directions and the orientations, the writings which are appropriate in

physics are :
$$\begin{cases} c^2 = a^2 + b^2 + 2ab\cos \hat{a}b \\ a^2 = c^2 + b^2 - 2bc\cos \hat{b}c \\ b^2 = c^2 + a^2 - 2ac\cos \hat{a}c \end{cases}$$
and thus:

$$c^2 + a^2 + b^2 = 2ac\cos \hat{a}c + 2bc\cos \hat{b}c - 2ab\cos \hat{a}b$$

Let us start again the experiment, while placing Carl Lewis in the train. The two runners must take off of the same starting line, perpendicular to the two ways. But Carl Lewis is placed so that when the run of the train starts, it takes him along towards the starting line; thus Carl Lewis is well placed in the back of the train. We conceive that when Carl Lewis arrives on the starting line, the starting signal is given simultaneously, and the train has already reached its cruising speed. The two runners are equivalent.

Usain Bolt will see the train supporting Carl Lewis, and Carl Lewis will see the train opposing Usain Bolt. Because in fact, Carl Lewis did not begin the race at rest in the reference frame of Usain Bolt, whereas he did so in his own reference frame. Therefore, the phenomena are the same ones in the two reference frames, but they are not perceived in the same way, and they do not have same measurements on both sides.

For the third experiment, let us place also Usain Bolt in a train, and make so that when the starting signal is given, the two trains have already reached their respective and different cruising speeds, and the runners leave the same starting line, always perpendicular to the two ways. The phenomena of the previous experience appear, but are once more perceived differently on both sides. Therefore, for each observer, if its distance covered measured by itself is: $d = vt$, its distance covered observed and measured by the other in its reference frame is: $d' = v't'$, since the reference frames are independent for the observation and measurements. Then, under the precise conditions of these experiments:
$$d - vt = d' - v't' = 0$$

Since none of these two reference frames are to be privileged, a divariation should be noted, namely for example and by application: $\tilde{\Delta}d = d - d' = -\tilde{\Delta}d'$

Consequently, with: $\begin{cases} \tilde{\Delta}v = v - v' = -\tilde{\Delta}v' \\ \tilde{\Delta}t = t - t' = -\tilde{\Delta}t' \end{cases}$ we have:

$\dfrac{\tilde{\Delta}v}{\tilde{\Delta}t} = \dfrac{\tilde{\Delta}v'}{\tilde{\Delta}t'}$, which is appropriate for the cases observed here; and under the conditions of independence of the reference frames according

to the same phenomenon, we have as well: $\dfrac{v}{t} = \dfrac{v'}{t'}$;

and

$$\begin{cases} vt' = tv' \\ v^2 d' = v'^2 d \\ d - d' = (v - v')(t + t') = (t - t')(v + v') \end{cases}$$; or:

thus:

$$\begin{cases} v^2 t'^2 + v'^2 t^2 - 2vv'tt'\cos \hat{v}v' = 0 \\ v^4 d'^2 + v'^4 d^2 - 2v^2 v'^2 dd'\cos dd' = 0 \end{cases}$$ (more

deeply, we can operate and reach: $\begin{cases} v\,\partial t' = v'\partial t \\ v^2\,\partial d' = v'^2\,\partial d \end{cases}$

In dynamics, with: $p - mv = p' - mv' = 0$, and:

$$\frac{m}{v} = \frac{m'}{v'}$$, we arrive at:

$$\begin{cases} mv' = vm' \\ m^2 p' = pm'^2 \\ p - p' = (m - m')(v + v') = (m + m')(v - v') \end{cases} ;\quad \text{or:}$$

$$\begin{cases} m^2 v'^2 + m'^2 v^2 - 2mm' vv' \cos \hat{vv}' = 0 \\ m^4 p'^2 + m'^4 p^2 - 2m^2 m'^2 pp' \cos \hat{pp}' = 0 \end{cases}$$

3. The birth of the gravitation

Users dine in a mobile restaurant and moving at cruising speed on an indifferent and right way. Suddenly, all the contents of the restaurant are project forwards (thus in the orientation of the movement). Two causes are possible: a front shock, or a sudden and strong braking. Passengers upright in a car of train are abruptly rocked backwards (thus in the contrary orientation of the orientation of the movement). Two causes are possible: a back shock or a sudden and strong acceleration.

An individual carries a bag by a cord. Suddenly, the cord cracks and the bag falls. How that is it possible? In fact, brought back to each place like reference frame, we will notice that these events are identical. They are movements without apparent impels. All carry the characteristic to occur ex-nihilo and to produce surprise and disarmament. They are primarily accelerated; they do occur and remain only like   such.

As we anticipated with the users dining and the passengers upright in the train, the source of these movements is related to the mechanical state of the reference frame. If the reference frame is mobile and stable, or at rest, it is similar with an absent system. But when it receives an impulse, it reacts; it is this reaction which is the cause of the sudden movement which occurs in the reference frame. The reference frame is itself prone to this movement. Indeed, the analysis shows that mathematically, the distance covered by a mobile is:

$$d = \int v\, dt = vt - \int t\, dv \; ;$$

$vt = D$, is the integral distance, $d = vt$, is the kinetic distance,

$$\delta = \int t\, dv$$

, is the gravitational distance; gravity is thus a way, and the gravitation or the reaction to the received impulse, is its cause. Indeed,

$$\int t\, dv = \int \gamma t\, dt = \int g t\, dt$$

, since γ and g have even intensity and even direction, but contrary orientations. The differential equation is as well:

$$v \, dt = dD - gt \, dt \quad ; \quad \text{and} \quad \text{thus:} \quad v = \frac{dD}{dt} - gt$$

The gravitation thus does not depend on rotation. By writing the directed size as follows: $\vec{u} = u \, e^{i\theta}$, let us note that the mobility of this size is:

$$d\vec{u} = e^{i\theta}(du + iu \, d\theta) \quad , \quad \text{with:}$$

$$\begin{cases} e^{i\theta} \, du : increment \ or \ decrement \\ \quad ie^{i\theta}u \, d\theta : deviation \end{cases}$$

The forces of the celestial mechanics are thus dynamic forces, and the stars move according to the relation: $\vec{v}dt = d\vec{D} - \vec{g}t \, dt$; these forces are thus not centripetal, they are rather opposed to the weights which accompany them. Because indeed, we have as well: $\vec{F} = -(-\vec{F}) = \vec{P}$, according to the cases raised at the beginning of the chapter. Let us show it by using one of the principles of the kinetic community formulated as follows: several mobiles form a kinetic community if they move at the same speed in the same direction and in the same orientation, or if their respective trajectories have the same center of curve. The latter case is the

one   which   interests   us   here.
Let us pose as a preliminary G_i the centers of mass and C_i the centers of curve of trajectories; m_i being a mass among several, we have a kinetic cluster:

$$\sum_i m_i \vec{G_i C_i}$$; this cluster is a community if:

$$\sum_i m_i \vec{G_i G} = 0$$; thus in this case:

$$\sum_i m_i \vec{G_i C_i} = \sum_i m_i \vec{G C_i}$$.   The   condition   of community requires: $C_i = C$.

Thus, for each mobile, we have: $\vec{n}\, md$, the centripetal   run,   such   as:
$$d(\vec{n}\, md) = (md)d\vec{n} + \vec{n}\, d(md) = \vec{n}\, d(md) - \vec{\tau}\, md\, d\theta$$

Let us note that this run varies in a retrograde way. Thus makes some, the forces of the celestial mechanics are fugitive; they describe the style of the formation of the astral systems; they are born by disaccretion. In the case of stability, $md = C^{te}$, which expresses that the most massive stars are closest to the common center of curve of the trajectories combined in the celestial mechanics.

14

The gravitation formulated by Newton is not preservable under these conditions. The curve of the physical space as cause of the universal gravitation according to Einstein is in the same case, even if the curve of the physical space remains provable. The black holes seem discrete vortices consequently, or then they do not exist. The gravitational waves within the meaning of Einstein are similar with wrinkles created by subjecting water at rest to a vibration. They are by way of agitations of the physical space, of which the permeability is: $\dfrac{c^3}{G}$; c is maximum celerity in the vacuum, and G is an indication on the gravity of the physical space. Any distinct formation or any distinct movement of the matter in physical space is linked to an undulation which unit wavelength is such as: $\lambda c^3 = Gmv$. By the equality of the action and reaction, the incidental mobile undergoes the gravitation of physical space or space gravitation, whose measurement is: $\delta = \int g_s t\, dt = \int G\rho\lambda t\, dt$, where ρ is the density of the mobile.

4. Quantism

Let us distinguish the microscopic one and the macroscopic one as follows:

$$\begin{cases} x > 1 : the\ macroscopic\ field \\ x < 1 : the\ microscopic\ field \end{cases}$$

We are in a quantum case if:

$$\sum (0 < x_i < 1) = \left(0 < \sum x_i < 1\right)$$

Here, the addition is not: $a + b$, but rather:

$$\frac{a + b}{1 + ab}$$

While globalizing, let us note for example that, rather than: $a + b + c$, here, we have:

$$\frac{\dfrac{a + b}{1 + ab} + c}{1 + \dfrac{c(a + b)}{1 + ab}} = \frac{a + \dfrac{b + c}{1 + bc}}{1 + \dfrac{a(b + c)}{1 + bc}} = \frac{b + \dfrac{a + c}{1 + ac}}{1 + \dfrac{b(a + c)}{1 + ac}}$$

that is well acquired if: $a < 1$, $b < 1$, $c < 1$, and consorts. That is repeated to raise that electronics returning to quantum, we have: $\dfrac{e_i + e_j}{1 + e_i e_j / e^2}$,

rather than: $e_i + e_j$

That explains why an electron beam can behave like only one electron. The infinitesimal particles present the same characters.

The electromagnetic link is founded on the

relations:
$$\begin{cases} pe = m^2 \\ hei = m^3 \\ hv = ibR^2 \\ h = pr \end{cases}$$
where, p is the momentum of the electron, m its mass, e the intensity of its load, i the intensity of the electric current which it induces individually, b the magnetic induction of the interfering or interfered magnetic field, v the frequency of the induced radiation, R the radius of curvature of the radiation, h the Planck's constant, r the radius of curvature of the trajectory of the electron.

By junction towards the wave mechanics, we note that there is no wave at rest. That recommends the relation:
$$\vec{\lambda} = aT\frac{de^{i\theta}}{dt}$$
, a is the amplitude of the wave, T the period of the vibration.

ENTRE EINSTEIN ET NEWTON

1. PREMIERS PROPOS

La réconciliation est-elle possible ? Newton a défendu l'absolu comme substrat nécessaire de la connaissance et de la mesure, établissant ou confortant la thèse de référentiels privilégiés, qui seraient les seuls valides à fournir les données permanentes inhérentes aux choses observées, notamment en physique et en mécanique.

Ainsi, l'on a pu parler de vitesse absolue d'un mobile. Plus loin, Newton a dû assimiler la gravitation et l'attraction universelle, parce que la Terre était tenue pour un référentiel privilégié par rapport à la gravitation.

La force d'inertie de d'Alembert était déjà un indice de la manifestation de la gravitation indépendante de la gravitation terrestre extérieure. Einstein plus tard, a remarqué qu'il était possible de créer la gravitation par expérience ; la gravitation était donc liée à l'état mécanique du référentiel en fait. Mais Einstein n'a pas prospéré dans ce sens, préférant lier la gravitation et la gravitation universelle par la courbure de l'espace physique.

Bien avant, l'invariance de la vitesse de la lumière dans le vide a causé le divorce de Newton et d'Einstein, en vertu de ce qu'il fallait abandonner les idées de temps absolu et de grandeurs absolues par ailleurs ; il n'y avait pas d'absolu inconditionnel. Il fallait subordonner toutes les grandeurs de la physique et de la mécanique, aux transformations induites par le changement de référentiel.

La rupture parut assez décisive pour éliminer l'absolu par le relatif ; les deux états étaient incompatibles, de tradition, et de fait désormais, avec les succès des théories d'Einstein. Pourtant, les théories d'Einstein, en apportant des solutions et des éclairages, ont aussi apporté des problèmes, comme le concept de trous noirs, la mutinerie de la mécanique quantique probabiliste, ou encore les ondes gravitationnelles.

Einstein, comme Galilée avant Newton, et comme les physiciens d'après, note bien l'équivalence de tous les référentiels pour la définition et la formulation mathématique des phénomènes. Ce constat consacre à la fois l'absolu et la futilité du référentiel privilégié ; comment ? En fait, chaque phénomène est son propre référentiel pour sa définition et sa formule mathématique. Ainsi, tout référentiel extérieur est transparent par rapport à cet état de chose. Donc, quel que soit le référentiel, la définition et la formule mathématique du phénomène apparaissent comme s'il n'y avait qu'un seul référentiel. L'absolu du phénomène est donc le principe de l'équivalence de tous les référentiels pour la définition et la formulation mathématique du phénomène.

Mais le phénomène n'apparaît pas toujours de la même façon chez un observateur que chez un autre ; c'est notoire d'ailleurs. Les référentiels extérieurs sont donc aussi puissants pour quelque chose, en l'occurrence, pour changer le mode des phénomènes. Et cela est fondé sur quoi ? Sur la dualité des phénomènes : ils sont combinaisons d'absolu et de relatif, donc de définition (le contenu permanent) et de modes (le contenu relatif). Le relatif est donc le principe de l'indépendance de tous les référentiels pour l'observation et le mesurage des phénomènes.

En quoi cette dernière thèse qui vaut aussi constatation, peut relever l'efficacité et la pertinence de la volonté de préserver l'unité de la physique, unité qui par principe doit reposer sur la thèse que la nature ne peut pas s'évader d'elle-même.

2. Expériences cinématiques

Concevons Usain Bolt et un train disposé l'un et l'autre sur deux voies de parcours parallèles. Ils sont au repos, et les parois du train sont des miroirs.

Puis, les deux accélèrent, et atteignent leurs vitesses de croisière respectives. Il s'agit de savoir si Usain Bolt continue de voie son reflet sur le train. Il fait parfaitement jour, le soleil est au zénith. Selon la théorie, la célérité de la lumière qui transmet le reflet doit augmenter, et changer de direction ; donc en fait, en vitesses de croisière, Usain Bolt ne devrait plus voir son reflet, à moins de courir plus vite que le train.

Nous supposons alors la figure suivante :

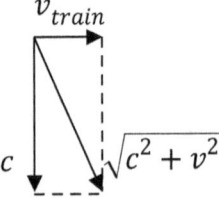

Mais selon la théorie de la relativité, Usain Bolt continue de voir son reflet, quelque soit sa vitesse et celle du train, parce que la vitesse de la lumière ne change pas.

Il n'en est pas de même avec le son. Si Usain Bolt va moins vite que le train, le train cesse pour lui très tôt d'être la source du son qu'il entend, mais plutôt l'environnement du train qui renvoie le son vers lui. Le train est considéré assez long pour permettre une expérience de vingt secondes. Aussi, pour considérer les directions et les sens, les écritures qui conviennent en physique sont :

$$\begin{cases} c^2 = a^2 + b^2 + 2ab\cos \hat{a}b \\ a^2 = c^2 + b^2 - 2bc\cos \hat{b}c \\ b^2 = c^2 + a^2 - 2ac\cos \hat{a}c \end{cases}$$

et donc :

$$c^2 + a^2 + b^2 = 2ac\cos \hat{a}c + 2bc\cos \hat{b}c - 2ab\cos \hat{a}b$$

Recommençons l'expérience, en plaçant Carl Lewis dans le train. Les deux coureurs doivent décoller de la même ligne de départ, perpendiculaires aux deux voies. Mais l'on place Carl Lewis de façon que lorsque le train démarre, il l'emmène vers la ligne de départ ; donc Carl Lewis est bien placé à l'arrière du train. Nous concevons que lorsque Carl Lewis arrive sur la ligne de départ, le signal de départ est donné simultanément, et le train a déjà atteint sa vitesse de croisière. Les deux coureurs sont équivalents. Usain Bolt va voir le train favoriser Carl Lewis, et Carl Lewis va voir le train contrarier Usain Bolt. Car en fait, Carl Lewis n'a pas commencé la course au repos dans le référentiel d'Usain Bolt, alors qu'il l'a fait dans son propre référentiel. Donc, les phénomènes sont les mêmes dans les deux référentiels, mais ils ne sont pas perçus de la même façon, et ils n'ont pas les mêmes mesures de part et d'autre.

Pour la troisième expérience, plaçons aussi Usain Bolt dans un train, et faisons en sorte que lorsque le signal de départ est donné, les deux trains ont déjà atteint leurs vitesses de croisière respectives et différentes, et les coureurs partent de la même ligne de départ, toujours perpendiculaire aux deux voies. Les phénomènes de l'expérience précédente apparaissent, mais sont une fois de plus perçus différemment de part et d'autre.

Donc, pour chacun des observateurs, si sa distance parcourue mesurée par lui-même est : $d = vt$, sa distance parcourue observée et mesurée par l'autre dans son référentiel est : $d' = v't'$, puisque les référentiels sont indépendants pour l'observation et les mesures. Alors, dans les conditions précises de ces expériences : $d - vt = d' - v't' = 0$

Aucun de ces deux référentiels n'étant à être privilégié, il faut constater une divariation, à savoir par exemple et par application :

$$\tilde{\Delta}d = d - d' = -\tilde{\Delta}d'$$

Par suite, avec : $\begin{cases} \tilde{\Delta}v = v - v' = -\tilde{\Delta}v' \\ \tilde{\Delta}t = t - t' = -\tilde{\Delta}t' \end{cases}$ nous avons :

$\dfrac{\tilde{\Delta}v}{\tilde{\Delta}t} = \dfrac{\tilde{\Delta}v'}{\tilde{\Delta}t'}$, qui convient aux cas observés ici ; et dans les conditions d'indépendance des référentiels par rapport à un même phénomène, nous avons

bien : $\dfrac{v}{t} = \dfrac{v'}{t'}$; et donc :

$$\begin{cases} vt' = tv' \\ v^2 d' = v'^2 d \\ d - d' = (v - v')(t + t') = (t - t')(v + v') \end{cases} \quad ; \quad \text{ou}$$

encore :
$$\begin{cases} v^2t'^2 + v'^2t^2 - 2vv'tt'\cos \hat{vv'} = 0 \\ v^4d'^2 + v'^4d^2 - 2v^2v'^2dd'\cos dd' = 0 \end{cases}$$ (

plus profondément, nous pouvons opérer et accéder

à :
$$\begin{cases} v\,\partial t' = v'\partial t \\ v^2\,\partial d' = v'^2\,\partial d \end{cases})$$

En dynamique, avec : $p - mv = p' - mv' = 0$, et :

$$\frac{m}{v} = \frac{m'}{v'}$$,   nous   arrivons   à :

$$\begin{cases} mv' = vm' \\ m^2p' = pm'^2 \\ p - p' = (m - m')(v + v') = (m + m')(v - v') \end{cases}$$; ou

encore :
$$\begin{cases} m^2v'^2 + m'^2v^2 - 2mm'vv'\cos \hat{vv'} = 0 \\ m^4p'^2 + m'^4p^2 - 2m^2m'^2pp'\cos \hat{pp'} = 0 \end{cases}$$

3. La naissance de la gravitation

Des usagers dînent dans un restaurant mobile et se déplaçant à la vitesse de croisière sur une voie indifférente et droite. Soudain, tout le contenu du restaurant est projeté vers l'avant (donc dans le sens du mouvement). Deux causes sont possibles : un choc avant, ou un freinage soudain et fort.

Des passagers debout dans une voiture de train sont brusquement basculés vers l'arrière (donc dans le sens contraire au sens du mouvement). Deux causes sont possibles : un choc arrière ou une accélération soudaine et forte.

Un individu porte un sac par une corde. Soudainement, la corde craque et le sac tombe. Comment cela est-il possible ?

En fait, ramenés à chaque lieu comme référentiel, nous remarquerons que ces évènements sont identiques. Il s'agit de mouvements sans moteurs apparents. Tous portent la caractéristique de survenir ex-nihilo et de produire la surprise et le désarmement. Ils sont essentiellement accélérés ; ils ne surviennent et ne demeurent que comme tels.

Comme nous avons anticipé avec les usagers dînant et les passagers debout dans le train, le moteur de ces mouvements est lié à l'état mécanique du référentiel. Si le référentiel est mobile et stable, ou au repos, il est pareil à un système absent. Mais lorsqu'il reçoit une impulsion, il réagit ; c'est cette réaction qui est la cause du mouvement soudain qui survient dans le référentiel. Le référentiel est lui-même sujet à ce mouvement. En effet, l'analyse montre que mathématiquement, la distance parcourue par un mobile est :

$$d = \int v\, dt = vt - \int t\, dv$$; $vt = D$, est la distance intégrale, $d = vt$, est la distance cinétique, $\delta = \int t\, dv$, est la distance gravitationnelle ; la

gravité est donc un trajet, et la gravitation ou la réaction à l'impulsion reçue, est sa cause.

En effet, $\int t\,dv = \int \gamma t\,dt = \int gt\,dt$, puisque γ et g ont même intensité et même direction, mais des sens contraires. L'équation différentielle est bien :

$v\,dt = dD - gt\,dt$; et donc : $v = \dfrac{dD}{dt} - gt$

La gravitation ne dépend donc pas de la rotation. En écrivant la grandeur orientée ainsi : $\vec{u} = u\,e^{i\theta}$, notons que la mobilité de cette grandeur est : $d\vec{u} = e^{i\theta}(du + iu\,d\theta)$, avec :

$$\begin{cases} e^{i\theta}\,du : l'inflation\ ou\ la\ déflation \\ \quad ie^{i\theta}u\,d\theta : la\ déviation \end{cases}$$

Les forces de la mécanique célestes sont donc des forces dynamiques, et les astres se déplacent selon la relation : $\vec{v}dt = d\vec{D} - \vec{g}t\,dt$; ces forces ne sont donc pas centripètes, elles sont plutôt de sens opposés aux poids qui les accompagnent. Car en effet, nous avons bien : $\vec{F} = -(-\vec{F}) = \vec{P}$, selon les cas relevés au début du chapitre.

Montrons-le en utilisant l'un des principes de la communauté cinétique formulée ainsi : plusieurs mobiles forment une communauté cinétique s'ils se déplacent à la même vitesse dans la même direction et dans le même sens, ou si leurs trajectoires respectives ont le même centre de courbure. C'est ce dernier cas qui nous intéresse ici.

Posons au préalable les G_i les centres de masse et C_i les centres de courbure de trajectoires ; m_i étant une masse parmi plusieurs, nous avons un amas cinétique : $\sum m_i \vec{G_i C_i}$; cet amas est une collectivité si : $\sum m_i \vec{G_i G} = 0$; donc dans ce cas :

$$\sum m_i \vec{G_i C_i} = \sum m_i \vec{GC_i}$$. La condition de collectivité exige : $C_i = C$. Ainsi, pour chaque mobile, nous avons : $\vec{n}\, md$, la course centripète, telle que :
$$d(\vec{n}\, md) = (md)d\vec{n} + \vec{n}\, d(md) = \vec{n}\, d(md) - \vec{\tau}\, md\, d\theta$$

Notons que cette course varie de façon rétrograde. Donc en fait, les forces de la mécanique céleste sont fugitives ; elles décrivent le style de la formation des systèmes astraux ; ils naissent par désaccrétion. Dans

32

le cas de la stabilité, $md = C^{te}$, qui exprime que les astres les plus massifs sont les plus proches du centre de courbure commun des trajectoires conjuguées dans la mécanique céleste.

L'attraction universelle formulée par Newton n'est pas conservable dans ces conditions. La courbure de l'espace physique comme cause de la gravitation universelle selon Einstein, est dans le même cas, même si la courbure de l'espace physique reste prouvable.

Les trous noirs apparaissent dès lors comme des vortex discrets, ou alors ils n'existent pas.

Les ondes gravitationnelles au sens d'Einstein, sont pareilles à des rides créées en soumettant de l'eau au repos à une vibration. Elles sont en fait des agitations de l'espace physique, dont la perméabilité

est : $\dfrac{c^3}{G}$; c est la célérité maximale dans le vide, et G est l'indice de gravité de l'espace physique. Toute formation distincte ou tout mouvement distinct de la matière dans l'espace physique se double d'une ondulation de longueur d'onde unitaire λ telle que :

$\lambda c^3 = Gmv$. Par l'égalité de l'action et de la réaction, le mobile incident subit la gravitation de l'espace physique ou gravitation spatiale, dont la mesure est :

$$\delta = \int g_s t\, dt = \int G\rho\lambda t\, dt$$

, où ρ est la masse volumique du bolide.

4. Le quantisme

Distinguons le microscopique et le macroscopique

ainsi : $\begin{cases} x > 1 : le\ macoscopique \\ x < 1 : le\ microscopique \end{cases}$

Nous sommes dans un cas quantique si :

$$\sum (0 < x_i < 1) = \left(0 < \sum x_i < 1\right)$$

Ici, l'addition n'est pas : $a + b$, mais plutôt :

$$\frac{a + b}{1 + ab}$$

en globalisant, notons par exemple que, plutôt que de : $a + b + c$, ici, nous avons :

$$\frac{\dfrac{a+b}{1+ab}+c}{1+\dfrac{c(a+b)}{1+ab}} = \frac{a+\dfrac{b+c}{1+bc}}{1+\dfrac{a(b+c)}{1+bc}} = \frac{b+\dfrac{a+c}{1+ac}}{1+\dfrac{b(a+c)}{1+ac}}$$

cela est bien acquis si : $a < 1$, < 1 , $c < 1$, et consorts. Cela est redit pour relever que l'électronique renvoyant au quantique, nous avons :

$$\frac{e_i + e_j}{1 + e_i e_j / e^2}$$, plutôt que : $e_i + e_j$

Cela explique qu'un faisceau d'électrons peut se comporter comme un seul électron. Les particules infinitésimales présentent les mêmes caractères.

Le lien électromagnétique est fondé sur les

relations :
$$\begin{cases} pe = m^2 \\ hei = m^3 \\ hv = ibR^2 \\ h = pr \end{cases}$$
où, p est la quantité de

mouvement de l'électron, m sa masse, e l'intensité de sa charge, i l'intensité du courant électrique qu'il induit individuellement, b l'induction magnétique du champ magnétique interférent ou interféré, v la fréquence du rayonnement induit, R le rayon de courbure de la radiation, h la constante de Planck, r le rayon de courbure de la trajectoire de l'électron.

Par bifurcation vers la mécanique ondulatoire, nous relevons qu'il n'y a pas d'onde au repos. Cela préconise la relation : $\vec{\lambda} = aT\dfrac{de^{i\theta}}{dt}$, a est l'amplitude de l'onde, la période de la vibration.